WOMEN SHENBIAN DE GAOKEJI

我们身边的高科技

透视地球　生物密友

[英]安德鲁·索尔威
[英]罗伯特·斯尼丹 编著

王　莉 译

北方联合出版传媒（集团）股份有限公司
辽宁少年儿童出版社
沈　阳

© 【英】安德鲁·索尔威 【英】罗伯特·斯尼丹 王 莉 2013

图书在版编目（CIP）数据

透视地球·生物密友/（英）索尔威，（英）斯尼丹编著；王莉译.—沈阳：辽宁少年儿童出版社，2013.1
（我们身边的高科技）
ISBN 978-7-5315-5839-2

Ⅰ.①透… Ⅱ.①索…②斯…③王… Ⅲ.①生物学—少儿读物②地球科学—少儿读物 Ⅳ.①Q-49②P-49

中国版本图书馆CIP数据核字（2012）第201043号

出版发行：北方联合出版传媒（集团）股份有限公司
　　　　　辽宁少年儿童出版社
出版人：许科甲
地址：沈阳市和平区十一纬路25号
邮编：110003
发行（销售）部电话：024-23284265
总编室电话：024-23284269
E-mail:lnse@mail.lnpgc.com.cn
http://www.lnse.com
承印厂：沈阳美程在线印刷有限公司
责任编辑：孟　萍　王　珏　周　婕　佟　伶
责任校对：李　爽
封面设计：孟　萍　豪　美
版式设计：豪　美
责任印制：吕国刚
幅面尺寸：188mm×240mm
印　张：6　　　　字数：80千字
出版时间：2013年1月第1版
印刷时间：2013年1月第1次印刷
标准书号：ISBN 978-7-5315-5839-2
定　　价：24.80元

专家导读

高科技在我们身边，这绝不是幻想，而是实实在在的现实。

你只要稍微动脑筋想一想就会发现，在你的生活中，在你的每一天，你一刻也离不开高科技，五花八门的高科技产品与你如影相随。比方说，你家里可能有一台电脑吧，上网，查资料，给朋友发邮件，甚至玩游戏，你都离不开电脑。此外，你也许有一个一刻也不离身的手机，既能通话，还有摄影、录像、听音乐等多种功能。当你到超市购物时，你会发现任何一种商品都有神奇的条形码，它就是商品的"身份证"，能提供商品价格等信息。当你到医院去看病时，你也许不知道，那门诊大厅已经开始检查你的体温，看你是否发烧。当你和父母一道出门，乘飞机到外地度假，你在机场就得通过一道道安检，那里的电子警察可是铁面无私，你的背包甚至全身都将受到检查。

还有很多很多。这些，都是高科技产品。

随着科学技术的进步，高科技产品不仅在各行各业广泛应用，也进入寻常百姓家，成为我们生活中不可缺少的好帮手。

"我们身边的高科技"这套丛书，就是从当代与人们生活密切相关的各种高科技产品入手，简明扼要地介绍它们的科学原理、发明历史以及不断改进、不断完善的进程。由于高科技如今已渗透到各个领域，几乎无处不在，因此，这套从英国引进的丛书涉及的范围很广，内容很新，科学性很强，这是它的显著特色。从电子技术到刑侦器械，从太空探索到飞上蓝天，从环境保护到食品科技，从高速行驶到新型建筑，从现代医疗到人体健康，从绿色科技到未来能源，从生命奥秘到地球奇观，几乎包罗万象，凡是我们现在所能见到、想到的高科技产品，从这套丛书中都能找到生动、清楚的介绍，一定会让孩子大开眼界。

当然，丛书编者也没有忘记提醒读者，有些高科技产品也有两面性，它给人们的生活带来很大方便，改善了人类的生活质量，但也有负面影响。比如电脑黑客与犯罪，沉溺于网络游戏对青少年身心健康的危害，都要采取相应的防范措施，引起社会的高度关注。

这套丛书给人印象最深的是，高科技产品有一个共同特点，就是更新换代的速度特别快。今天的时尚产品很可能明天就被人们淘汰。这也说明，高科技的发明创造没有止境，它拒绝一成不变，始终追求不断创新。

这种现象提示我们，高科技的研究和开发空间非常广阔，智慧的火花在这里很容易点燃，形成新发明的动力。希望小读者从中受到启发，调动你们的想象力和创造力，为开发高科技新产品贡献你们的聪明才智，做一个小小发明家。

我相信，"我们身边的高科技"丛书将会成为引领你们走上科学之路的好向导，好参谋。

金 涛
科普作家，科幻小说家，
中国科普作家协会副理事长

目 录

有一些字很特别，**像我这样**。有的词你可以在词汇表中找到详细的解释。画线的句子是重要的信息和定义，<u>像这样</u>。

什么是"雪球地球"？快翻到19页找答案吧！

地球到底有多少岁？翻到10页看看！

生物密友

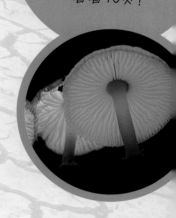

这种在黑暗中放光的蘑菇生长在哪里？看看70页！

什么昆虫在空中与风玩冲浪？瞧瞧75页！

透视地球

介 绍

地球已经存在40多亿年了。在这期间,地球经历了许多巨大的变化,例如气候变化、大气变化以及陆地形成过程中的种种变化。而人类出现在地球上才仅仅200万年左右。也只是在这最近的两三百年里,人们才逐渐对地球的形成过程有所了解。

岩石的研究

我们所了解的早期地球知识来自对岩石的研究。岩石学家其实就是我们所说的**地球科学家**。

地球科学家知道地貌是如何形成和怎样变化的。他们发现了地震和火山发生的原因。当然,他们也会通过测量得知地球上岩石的年龄。地球科学家还发现大陆板块其实不是像我们原来想象的那样坚不可摧,稳定不变。

岩石能够保存地球上以往生命的印记。这位科学家正在挖掘一块恐龙**化石**。

气象学家凭借卫星图像来预测飓风的动向及其他天气状况。

为天气拍照

这是2004年从太空拍摄的飓风伊万的照片。人造卫星围绕地球轨道运行，它们对天气和气候的研究可是起到了至关重要的作用。深入研究类似这幅图片的资料是科学研究的一部分，同时也有利于我们了解更多关于地球变迁的知识。

其他地球科学家

其他科学家用不同的方法研究我们的地球。**古生物学家**是专门通过研究**化石**来了解地球上生命存在的历史。**气象学家**研究天气，他们发明出很多**预告天气**的方法，例如他们可以预测到飓风和暴风雨这样的天气现象。**气候学家**主要从事气候的研究（许多年来的平均天气状况）。他们通过已经掌握的大量以往气候知识对未来的气候进行预测。

继续读吧！

在这本书里，你可以了解到科学家们生活和工作的情况，他们可是了不起的人物。他们帮助我们揭开地球的奥秘。
- 哪位科学家认为地球可能是一个"大雪球"？
- 谁在海底发现世界上最大的山脉？
- 谁发现在其他星球上可能存在生命的证据？

继续读，你就能找到答案！

地球科学的起源

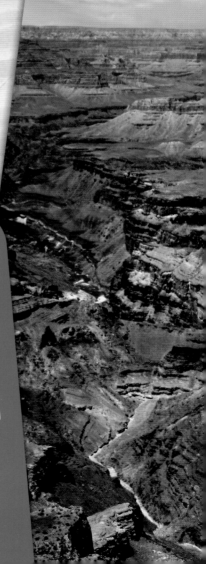

18世纪后期，很多科学家经常会将地球和岩石的形成与《圣经》所描绘的世界历史联系在一起。他们相信《圣经》中所说的——地球是6 000年前形成的。在当时，许多科学家认为地球的岩层是在那次"诺亚大洪水"期间形成的，在《圣经》中"诺亚大洪水"是一场世界范围的大灾难。

上了年纪的地球

20世纪20年代，英国地质学家亚瑟·霍姆斯发现了一种可以测算出岩石年纪的方法。他是通过测量岩石中放射性物质含量的方法得出岩石的年龄，再运用这些数据最后计算出地球的年龄已经有40亿年了。

1953年，美国科学家克莱尔·彼得森(1922—1995)研究了一颗来自陨石的岩石，得出地球的确切年龄。他将地球的年龄定为45.5亿年。今天这个估算结果普遍被人们接受。

壮观的大峡谷地区是科罗拉多河将地面冲刷出深深的沟壑而形成的世界奇观，暴露出的岩层拥有好几百万年历史。

水中岩石

德国科学家亚布拉罕·维尔纳认为整个地球最初充满了水，同时伴有浮游颗粒。大颗粒首先沉积到下面，随着这些颗粒慢慢沉积就形成了**沉积物**。经过岁月变迁，每一层都会受到来自上层沉积物的压缩或者挤压。这些受挤压的颗粒岩层随着地壳变迁可能会渐渐演变成大块岩石浮出了水面。

维尔纳认为在世界形成之初，最古老的岩石就已经形成。人们相信这发生在公元前4000年左右。在"诺亚大洪水"期间，新的岩层又形成了。从那时起，就再也没有新的岩石形成了。

维尔纳的一些观点是有理有据的。正如他所说的，一些岩石确实是由沉积物形成的。这就是人们所说的**沉积岩**。然而对于更多的问题维尔纳找不到有力的证据来支持自己的观点。由于维尔纳没有更深入地研究岩石形成的原因，所以不能呈现事实的真相。

与维尔纳持相反的观点

詹姆士·赫顿是位来自苏格兰的科学家，他投身于对岩石的研究工作。他观察到世界许多地方的岩石都不是在岩层中整齐排列的。一些岩石看上去是被上面的岩层挤压进去的。在一个地区，他发现了一种灰色岩石的岩层，岩层上面分布颜色差异很大的红色岩石层，它的形状就像流经人体细细的静脉血管一样。他认为一定是红色岩层为液态的时候，流进了灰色岩层里，岩浆填满了岩石间的裂缝和沟壑，它们冷却后就变成固态岩层了。

他到各地去考察，发现一些岩石在形成的时候是以液体形态出现的。对此他提出地球深处的巨大热量致使这些岩石形成。今天我们称这种岩石为火成岩。

山上的贝壳

詹姆士·赫顿还找到了另一个问题的答案。他发现在山顶上经常会出现一些含有海洋动物化石的沉积岩。它们是怎么爬到那儿去的呢？对此，詹姆士·赫顿还不能完全确定，但是他认为地底的热量对此产生了一定的作用。大概是来自地下深处的热量将整个岩石层推高。这就是现代地球科学家所称的"**隆起**"。

詹姆士·赫顿

生　卒： 1726—1797

国　籍： 英国（苏格兰）

成　就： 提出岩石经过受热而形成的理论，他的"地球理论"（详见第12页）成为地质学的雏形。

你知道吗？ 詹姆士·赫顿是爱丁堡哲学社的成员。他平时是个活泼好动、爱说爱笑的人。但是轮到他给哲学社作有关"地球理论"报告的时候，他却紧张得病倒了。最后，只好由他的朋友约瑟夫·布莱克替他作报告。

在下一页你将会发现更多关于詹姆士·赫顿"地球理论"的内容。

地球理论

1785年，詹姆士·赫顿将自己所有的发现及观点收集整理后形成了他的"地球理论"。他极力反对岩石是在"诺亚大洪水"期间形成的观点。他相信岩石一直在经历着不断形成、破坏，又再次形成的过程。这个岩石形成的整个过程就是我们今天说的岩石循环。

詹姆士·赫顿对地球的年龄又提出了新的观点。他认为岩石从粉碎到再次形成我们今天看到的地貌，花费的时间不是几千年，而是上百万年的时间。

岩石循环

地球表面的岩石不断被风霜雨雪冲洗和粉碎，这个过程称作风化。经过风化的岩石变成微小颗粒，之后它们被风或水带走，这一过程称作侵蚀。

这些岩石的小颗粒来到海洋，在那里它们开始形成新的岩石。在隆起的作用下，这些岩石可能被抬高，最后露出了海面。露出地面的岩石还会再一次经历风化和侵蚀的过程。这种循环周而复始，永不停息。

詹姆士·赫顿思想的传播

在詹姆士·赫顿的有生之年，他的观点还没有被大众广泛接受。然而在19世纪三四十年代，另一位地质学家却让他的这些观点闻名遐迩。查尔斯·赖尔周游世界研究岩石。1830年，他出版了一本名为《地质学原理》的书。他运用詹姆士·赫顿的理论去描述各种不同的岩石并解释它们形成的原因。此书风靡一时，查尔斯·赖尔的名字也因此家喻户晓。

查尔斯·赖尔

生　卒： 1797 —1875

国　籍： 英国（苏格兰）

成　就： 撰写了《地质学原理》，在世界范围内推广地质学。

你知道吗？ 在他那个年代，查尔斯·赖尔是一个"岩石"超级明星。1841年，有人请他到美国作讲座，并且付给他2 000美元（按现代的换算比例大约为4万美元）作为报酬。尽管听讲座的门票很昂贵，还是有成千上万的人争抢着去听查尔斯·赖尔的讲座。

冰川与气候变迁

就在查尔斯·赖尔埋头撰写一部关于詹姆士·赫顿思想的书时，一位名叫路易斯·阿加西斯的教授也正忙于对瑞士山脉的研究。他的研究取得了重大发现：地球的气候在过去与现在是截然不同的。

阿加西斯其实是一位自然科学学者，主要从事生物世界的研究，而不是研究地球的。鱼类和其他动物是他研究的对象。然而，183年，他毅然地投入到冰川的研究。他在冰上建造了一个小屋，花了4间去研究阿勒河冰川和冰川周边环境。同时，他还从其他科学登山者那里收集许多关于冰川的信息。

冰川缓缓从山上流下，它们研磨着大山，并在岩石上留下它们走过的痕迹。

16

路易斯·阿加西斯

生　卒： 1807—1873

国　籍： 美国（瑞士后裔）

成　就： 从冰川和岩石中发现证据证明在数万年以前地球上曾经出现过一个冰河时代。

你知道吗？ 阿加西斯在研究冰川的同时，他还是一位当时最伟大的生物学家。然而，他却从来不接受达尔文的进化论。他认为动物和植物是一成不变的物种，它们不会随着时间而改变。

这里的冰川

阿加西斯指出瑞士山脉中的许多峡谷是U字形，地面平坦，而侧面陡峭。这种峡谷的形状是冰川冲击峡谷造成的。他还发现岩石表面有很多痕迹，就像冰川流经峡谷时给峡谷留下划痕一样。

阿加西斯发现一种巨大岩石被称为冰川漂砾，它们与周围的岩石明显不同。他提出这些岩石是由冰川流经峡谷时带到这里来的，当冰川融化后，它们就堆积成山了。

远去的冰河时代

阿加西斯得出结论：在过去的几千年里，整个瑞士一定是由一个巨大的冰帽所覆盖，冰帽的大小就像今天覆盖格陵兰岛的冰帽一样。他敢肯定当地球遭遇严寒的时候，它一定经历过一个"伟大的冰河时代"。

在苏格兰发现的巨大漂砾证明那里曾有冰川存在。

17

过去的气候

阿加西斯发现几千年前，在地球上曾出现过冰河时代。现代的科学家们提出地球气候变迁要追溯到几百万年前，而证据来源于许多方面。其中，树木的年轮可以告诉我们在过去的几千年里气候方面的信息。

取自南极洲的冰也能告诉我们关于气候变化的信息。科学家们在冰上钻洞，取出长长的冰柱——一种叫冰锥的东西。他们用它来观察数百万年前的冰层状况。冰形成的时候，气泡包含在水里。科学家通过这些含氧的气泡来了解那时的气候状况。

进一步研究下去，科学家从岩石中发现了表面古代气候状况的证据。不同岩石层中所含的化学物质和岩石上的化石让我们了解到许多关于过去气候的信息。从中我们可以得知那时的气候是冷还是热，是干燥还是湿润。

冰锥上的微小气泡可以告诉我们几千年前的气候情况。

不仅仅是一个冰河时代

所有的研究都表明地球上不仅仅存在过一个冰河时代。在过去的时间，曾经存在过多次冰河时代。这些冰河时代可以追溯到上亿年前。我们所处的冰河时期实际发生在250万年前左右。在这段冰河时代里，既有严寒期（冰川），又有温暖期（中级冰川）。而阿加西斯所发现的"冰河时代"是最近的冰河时代，它发生于1500万年到200万年前。

最古老的冰核

2004年，一个由10个国家的科学家组成的考察队在南极洲完成了一个历时8年的科研项目。他们向冰层钻3000多米深的距离，挖出冰核。这块冰核告诉我们在最近的80万年间，一共有8次冰河时代的出现。在这一时期，冰块遍布北欧和北美。

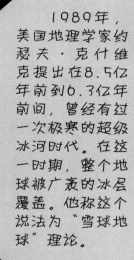

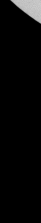

1989年，美国地理学家约瑟夫·克什维克提出在8.5亿年前到6.3亿年前间，曾经有过一次极寒的超级冰河时代。在这一时期，整个地球被广袤的冰层覆盖。他称这个说法为"雪球地球"理论。

岩石里的生命

路易斯·阿加西斯也从事鱼化石的研究。化石是附着在岩石上的生命遗骸。地球科学家运用化石来追溯几百万年前生命的历史。

追溯历史的化石

英国一位名叫威廉·史密斯的科学家提出用化石来判断岩石的年代。史密斯是一位测量员，他帮助人们建造运河和开矿。这给了他大量接触岩石的机会。他经常发现到在这个国家的不同地区能找到相似的岩石。他想知道这些相似的岩石实际上是否来自同一个时期。

史密斯提出许多岩层中的岩石都具有化石"签名"。过去的岩石，无论它们在什么地方，都含有那个时期化石的痕迹。他利用化石签名梳理出岩层岩石的年代顺序。

如果岩石没有被破坏过的话，年代更久远的岩层比年代近的会埋藏得更深。但是有时候，整个岩石结构会被破坏，压碎或完全被颠倒过来。史密斯的化石签名技术让我们可以通过年轻的岩层来判断古老的岩层。即使这些岩层已经遇到破坏或者被扭曲。

这幅图片是威廉·史密斯的书上所提供的化石图片。这几种化石分别来自不同种类的岩石。

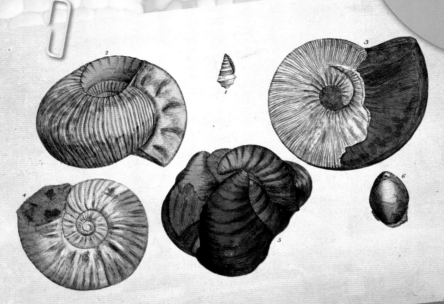

威廉·史密斯

生　　卒： 1769—1839

国　　籍： 英国

成　　就： 提出如何用化石来判断岩石的年代。他还绘制出第一张英国地理地图，地图上标注着地表上不同种类的岩石。

你知道吗? 上学的时候，史密斯和他的朋友一起拿着一种小圆石头玩游戏。其实这些所谓的"石头"是贝壳类动物的化石。

接着看下一页你会发现更多的化石……

记录远古生命

史密斯喜欢研究化石，他利用化石来测定岩石的年代。其实他对化石本身并不感兴趣。在5.3亿年前地球上第一次出现了数量庞大的化石。化石告诉我们在那个时代地球上曾出现过复杂而多元的动物。

我们所研究的动物化石表明这些动物最早出现在2.3亿年前，而在6 500万年前它们就消失了。这些动物就是我们所熟知的恐龙。19世纪20年代，恐龙化石第一次被发现。在当时，科学家认为恐龙是一种行动缓慢、体态笨重、与蜥蜴很像的动物。然而，随着科学家对恐龙的深入研究，这些观点已经发生了改变。有些恐龙行动速度快，而且是温血动物，它们被认为是鸟类的祖先。

这幅图片向我们展示了**古生物学家**徐星观察化石的情景。

恐龙如何变成鸟类

近20年，人们才对恐龙与鸟类之间的关系有了一个清晰的了解。徐星是古生物学家，主要研究远古生物。在研究恐龙与鸟类之间的联系方面，他作出了更多的努力和探索。从1997年起到现在，他已经发现了30多种新恐龙。这些恐龙有许多长有羽毛，有的甚至长有翅膀。最古老的鸟恐龙是"始祖鸟"。它生活在距今1.6亿年前的远古时期。另一种叫小盗龙的恐龙，身长只有60厘米，长有4个翅膀。

这幅图片是虚拟出的小盗龙的形象，尽管长有大翅膀，但它只能滑行而不能飞行。

色彩缤纷的恐龙

2010年，徐星同其他科学家就探明了某些恐龙羽毛的实际颜色。这个科研团队在显微镜下观察羽毛化石，并将这些羽毛化石与现代的鸟类羽毛进行颜色对比。这一技术能够确定化石羽毛的颜色。另一支科研团队研究出了完整的"始祖鸟"色谱。

地心之旅

在18世纪，詹姆士·哈顿提出在地表下面的深处一定有可以熔化岩石的热物质。火山喷发就是个明显的例子。可是200年过去了，科学家对我们脚下地球深处的奥秘仍知之甚少。

从地震中了解事实

当地震发生时，震动产生岩石**震动波**。这些波传到地下。一些波直接穿透地球，一些波传递的不是很远，不能深入地球内部深处。震动波可以用来了解地球结构。1909年，安德烈·莫霍洛维奇提出当**地震波**从**地壳**穿过更深的岩石层（**地幔**）时，会突然发生一场变化。1913年，科学家贝诺·古腾堡运用地震波测量出处在地球中心的**地核**大小。

地震波发源地

地表所检测的信号

地幔

外核

内核

这幅图告诉我们一些地震波没有穿过地核。而另一些地震波穿过了地核，而且在世界的另一端能够被检测到。

地表不能测到信号的区域

钻探地球深处

　　地震波可以告诉我们许多地球知识，但是科学家还通过向地壳深处钻探的方法来获取更多关于地球结构的证据。到目前为止，最深的钻探孔是俄罗斯科学家打造的科拉超深钻探孔。1963年到1994年间，这个考察队向地下钻探的深度超过了12千米。地下深处温度极高，钻头无法工作。

　　在海床上，地壳比陆地上的要薄大约6 000米。科学钻探船正在努力破开地壳直接钻探到地幔层。

研究地震波的天才

英奇·雷曼是一位丹麦的地震波学家，她是解密地震波的世界级专家。她1928—1953年在丹麦一直为地球作记录。雷曼曾经开玩笑称自己是"丹麦唯一的地震波学家"，因为丹麦很少发生地震。事实上，多年来她一直孤军奋战，即使在办公室里也没有人帮助她。

在新西兰的一次强烈地震中，雷曼注意到地震波出现的地方与预计的地方不一致。通过查阅欧洲其他地方的地震波记录，她发现有相同的结果。雷曼认为地震波遇到地核内的障碍物反弹后就形成了异常波。她认为地核的结构不是单一的：它有坚硬的内核和一层像液体一样的厚厚的外核。

英奇·雷曼

生　卒：　1888—1993

国　籍：　丹麦

成　就：　解密地震波。

你知道吗？　雷曼1953年退休，当时她已经65岁了。后来她移居美国，开始了一个全新领域的研究事业。她在美国一工作就是20多年，直到她105岁高龄去世。

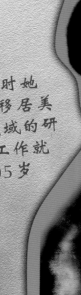

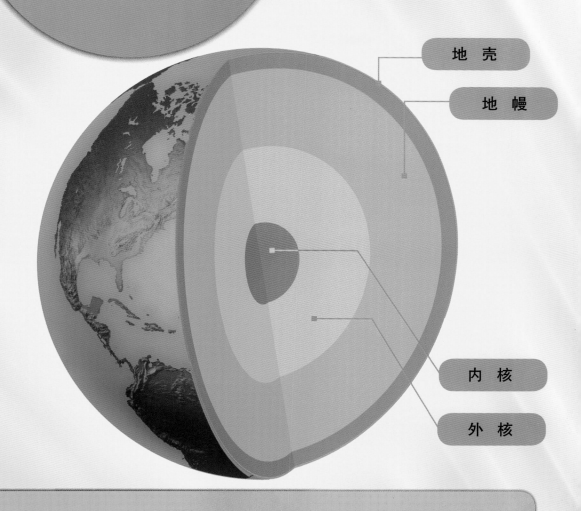

这幅地球剖面图向我们展示了地球的结构。地球有内核和外核。

地壳

地幔

内核

外核

地球的结构

　　地壳（表层）有数千米厚。然而，与整个地球体积相比，这个表层很薄。如果地球有苹果那么大的话，地壳也就苹果皮那么厚。地壳下面是地幔，那里的岩石灼热。地幔岩石移动速度很慢，就像一层厚厚的淤泥。

　　地幔有差不多3000千米那么厚。在地核里面，蕴藏着丰富的金属——铁和镍。岩石中的热量来自地核的辐射能。

漂移的陆地

正在雷曼快大学毕业的时候，一位名叫阿尔弗雷格·魏格纳的德国科学家提出一个跨时代的、近乎大胆的想法。

不是位真正的地理学家？

阿尔弗雷格·魏格纳是位气象学家——他研究**大气**和天气。魏格纳对南极大气特别感兴趣。他几次到格陵兰岛去研究那里的冰层。

1910年，魏格纳发现非洲和南美洲的海岸线拼在一起看起来像拼图游戏中的图块，对此他十分感兴趣。其他人也注意到这一点，但只有魏格纳对此格外着迷。他开始进行研究，终于发现了其中的联系。另外，在南美洲和非洲的一些地区，同样的化石被发现。那里岩石的构成也极其相似。

大陆漂移

不仅仅非洲和南美洲拥有许多相似的地方。其他大陆之间也有很多联系。1912年，魏格纳对他的发现提出了惊人的解释。他的观点很简单：在某个时期，大陆板块曾一度合在一起，所以它们看起来十分吻合。几百万年前，所有的大陆板块组成了一个超大陆块。这种巨大超级陆块被魏格纳称作泛大陆。这块超级大陆块分裂之后，形成了小板块。这些小板块漂移到了今天它们所处的位置。

欧洲和亚洲
北美洲
南美洲　非洲
澳大利亚
南极洲

这是一幅重建的泛大陆图，我们可以看出2.5亿年前所有大陆板块聚合在一起的样子。

山脉的形成

魏格纳提出的大陆漂移学说解释了山脉的成因。如果两个大陆板块经过缓慢的移动发生碰撞，陆地就会发生突起和褶皱，从而形成了山脉。今天我们知道许多山脉就是这样形成的。

这是一块恐龙的头盖骨化石，这种长着长牙的恐龙叫二齿兽。在澳大利亚、南美洲和非洲发现了类似的化石。

阿尔弗雷格·魏格纳

生　卒：　1880—1930

国　籍：　德国

成　就：　提出大陆可移动的观点。

你知道吗？　魏格纳是在一次前往格陵兰探险的路上去世的，当时他担任领队。他和其他两位队员设法将生活物资送到科考站，因为当时食物短缺，队员难以过冬。他到达科考站后，在返回途中遭遇了暴风雪，死在了路上。

理由不够充分

　　为了证明大陆漂移说的正确，魏格纳收集了许多证据。然而，其他科学家认为这种观点很荒谬，问题在于没有人能解释大陆板块是如何移动的。

　　自从魏格纳时代起，科学家就开始寻找大陆板块如何移动的证据（在下一章节，关于这一点还有很多论述）。他们现在知道一个泛大陆是在2.5亿年前形成的。在此之前，至少还有两个更早的超级大陆板块存在过。<u>纵观地球的历史，陆地时而聚合时而分裂</u>。

未来漂移说

　　今天，辛勤的科学家们通过了解过去大陆的活动来预测大陆板块在未来将如何变化。南非的克里斯·哈特内迪，英国的罗伊·利沃莫尔，还有美国的克里斯托夫·斯高缇斯对于未来板块会发生什么变化提出了不同的说法。哈特内迪预测一个名叫Amasia的超级大陆板块。这个超级大陆板块将不包括南极洲。利沃莫尔认为南极洲将会是另一个超级大陆的一部分，名叫新泛大陆。斯高缇斯的超级大陆板块将包括南极洲和一个内陆海。

　　三种模式在未来都可能发生。只有时间才能证明哪一种才是正确的。

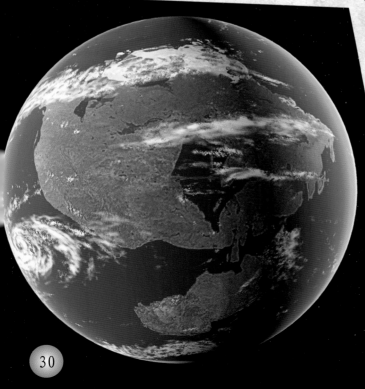

这幅图片向我们展示了距今2.5亿年前地球表面的样子。

化石磁铁

　　地球是一个巨大的磁铁。然而它的磁场不是固定的。磁场是能够感受到磁力的区域。南北极两端的位置一直在缓慢移动。如果长期这样下去，南北极会彻底改变位置。

　　有些岩石在形成之初就具有磁性。这种磁性叫作"锁入"。"化石磁铁"存在于这样的岩石中。当岩石形成时，化石磁铁指向两极的位置。化石磁铁存在于2.5亿年前的岩石里，磁力分别指向不同方向，都是不完全朝向北极。然而，如果大陆板块移动到它们在"超级板块"中应处的位置时，这些化石磁铁将排列成行，并指向同一方向。

　　海底的一些岩石中含有古地磁信息。科学家在研究海底岩石的时候已经发现岩石中的磁场被划分成"带状"，每一个带指向一个方向，紧挨着的带则指向相反方向。岩石记录着地球磁场方向的变化。

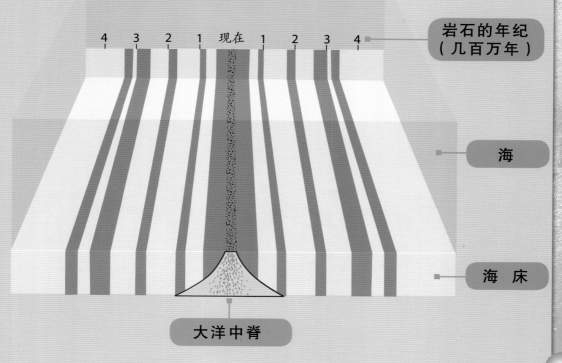

　　■ 正常的磁场
　　□ 倒转的磁场

4　3　2　1　现在　1　2　3　4　　岩石的年纪（几百万年）

海

海　床

大洋中脊

海洋中的山脉

在第二次世界大战期间，一位名叫哈利·海斯的美国海军船长，曾对海底的状况作了详细调查。战争结束后，1947年，由美国国家地理协会出资赞助的科研小组开始对海洋展开调查。这些调查结果一时间让很多人对海底研究产生了浓厚的兴趣。

在此之前，科学家们一直认为海底非常古老。他们希望找到被数十亿年的沉淀物覆盖着的岩石。实际上，勘测员们只发现了有几百年历史的沉淀物。为什么会这样呢？海底比人们想象的要年轻吗？

科学家们在海洋考察船上作业，他们想发现更多关于地球进程的秘密。

绘制海洋地图

布鲁斯·希森和玛丽·萨普两位年轻科学家负责绘制海底地图，他们根据考察船获取的信息来绘制。萨普用几年的时间勾勒出一小部分海底形状，并且将它们拼接在一起。完整的海底地图于1957年出版。

地图上令人瞩目的是那条长长的海洋山脉。它沿着大西洋中部，穿过南海（南极洲），一直进入太平洋。这座山脉将世界所有的地方都连接上了，就好像网球表面的缝合线。

萨普第一个提出，不仅所有的山脉被连接起来，还有那些在山脉中间穿行的深谷。其他研究也证明了萨普的观点是正确的。在沿着山谷线的地方发生过许多起地震。

玛丽·萨普

生 卒: 1920—2006

国 籍: 美国

成 就: 绘制海底地图。

你知道吗? 在萨普工作的年代，男科学家和女科学家的待遇不同。布鲁斯乘考察船进行了许多次考察活动，而身为女性的萨普则没有这样的机会（她在1965年才得到考察机会）。当萨普提出沿着山脉中心进行分割的理论被人重视时，希森却讽刺地说："这只是妇人之见！"

寻找答案

　　萨普和希森的海底地图向我们清晰地展示了贯穿所有海洋的"缝合线"——海底山脉。然而这意味着什么呢？1962年，哈利·海斯提出了他的观点：海洋会因此逐渐变大，那条绵延千里的山脉是地壳表面的一个大裂缝，而这个裂缝正在不断地扩大。裂缝裂开的时候，**熔化的**岩石从里面喷出。这些岩浆就形成了中心底谷和它周围围绕着的山脉。

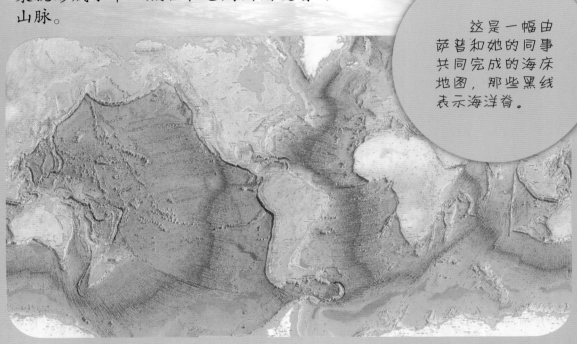

　　这是一幅由萨普和她的同事共同完成的海床地图，那些黑线表示海洋脊。

让人认可的理论

　　如果海斯的观点是对的话，那么海底扩张理论将能够解释大陆板块漂移现象是如何产生的。由于海洋把这些大陆块分开，所以它们才移动。许多地球科学家不接受大陆板块漂移学说。然而，在两年间，像海底岩石磁场带（详见第31页图表）等证据充分证明了萨普和希森的地图是正确的。海底扩张的观点已被大家接受。

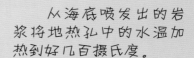

从海底喷发出的岩浆将地热孔中的水温加热到好几百摄氏度。

潜水艇探测

20世纪70年代，科学家们预测在海洋中部的山脊处将发现温泉，因为在那里有岩浆从地底下喷出。1976年，一处温泉被发现了。接着1977年，一艘名叫阿尔文的潜水艇（一种小型的潜水艇）深入海底进行探测作业。当阿尔文潜水艇到达热源孔的时候，科学家惊奇地发现了细菌、蠕虫、螃蟹，还有很多其他种类的生物。它们早已适应了那里特殊的生存环境。

科学家用能潜水的阿尔文潜水艇进行不同的海底研究。

板块构造论

　　科学家一旦接受海底扩张的观点，魏格纳的大陆板块漂移学说也就被广泛地接受了。但对此仍然有许多不解之谜。一个重要的问题是，为什么海洋正在扩张？另一个疑团是，如果海洋不断地产生新地壳而且变得越来越大，那么地球其他地方的地壳一定正在消失。否则，地球将缓慢膨胀。

　　在20世纪60年代，一位来自加拿大名叫图佐·威尔逊的科学家将海底扩张说、大陆板块漂移说和其他观点融合在一起。

图佐·威尔逊

生　卒：　1908—1993

国　籍：　加拿大

成　就：　提出地壳分成板块理论。

你知道吗？　图佐·威尔逊是一个执著的登山爱好者。他成为攀登美国蒙大拿州海格山的第一人。他的母亲也是位攀登爱好者。加拿大的图佐山就是以她的名字命名的。

裂缝的鸡蛋

威尔逊提出地壳不是一块：地壳其实分裂成好多块，就像打破的鸡蛋壳。这些碎片叫作板块。

地壳板块不是一成不变的。它们移动得非常非常缓慢，这是由于地幔移动造成的。在一些地方，两个板块彼此离开。这些会发生在海洋中央。在海洋的边缘，海洋板块缓慢地与大陆板块相撞。就在这些发生时，大陆岩石下面的海洋板块被挤高。随海底板块越陷越深，它会慢慢熔化掉。之后海洋中央的新海洋地壳产生，旧的地壳在海洋边缘处消失。

在一些地方，板块之间互相碰撞或者移开。它们向相反的方向一起移动。比如说美国加利福尼亚圣安德烈亚斯断层就是这样的地区。

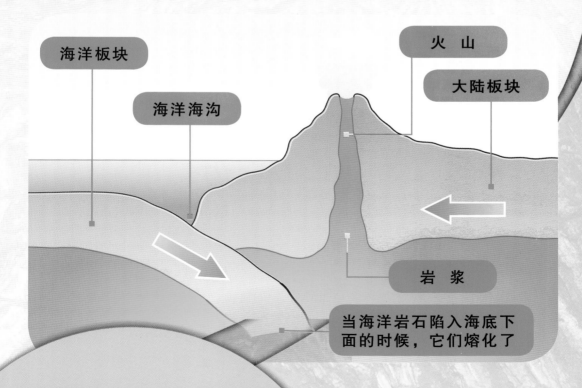

海洋板块

海洋海沟

火　山

大陆板块

岩　浆

当海洋岩石陷入海底下面的时候，它们熔化了

当一个海洋板块与一个大陆板块撞击的时候，海底厚重的岩石深陷在大陆板块的岩石下面。山脉和火山就在这些"撞击的地区"形成了。

火山与地震

不是地球上的每一个地方都发生地震和火山。它们的发生区域会排列在一条狭窄的地震带上。火山在这些地区经常喷发。

所有的地震和火山带都聚集在板块的边界处。无论一个板块和另一个板块在哪里相遇，由于强烈的撞击，地震都会发生。新的岩石将产生，旧的岩石熔化掉。这些撞击产生了火山和地震。

热　点

在一些地方，火山所处的位置没有板块分界线。这些就是我们所说的热点。例如，夏威夷的火山就是由热点造成的。

在20世纪60年代初，图佐·威尔逊开始研究夏威夷火山。他发现夏威夷群岛是一条长群岛的一部分。这条长群岛跨过太平洋一直延伸到俄罗斯。每一个岛屿都是由海底火山堆积后而形成的。几千年之后，火山就变成了死火山（休眠火山）。威尔逊提出这些岛屿由相同的热点形成。这个热点就处在地壳下面固定的位置，但是它上面的地壳已经移动了。这就意味着不仅仅是一块岛屿，随着海洋板块在热点上的移动，形成了一条完整的岛屿链。

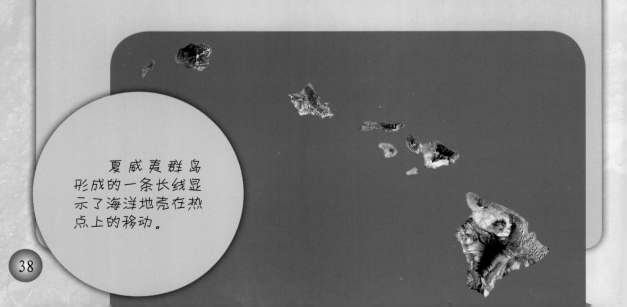

夏威夷群岛形成的一条长线显示了海洋地壳在热点上的移动。

山脉的形成

当两大板块撞击的时候，山脉就形成了。当两大陆地板块相撞的时候，最高的大山就形成了。印度板块与亚洲板块相撞，就形成了世界上最大的"撞击"。这就是今天的喜马拉雅山脉。

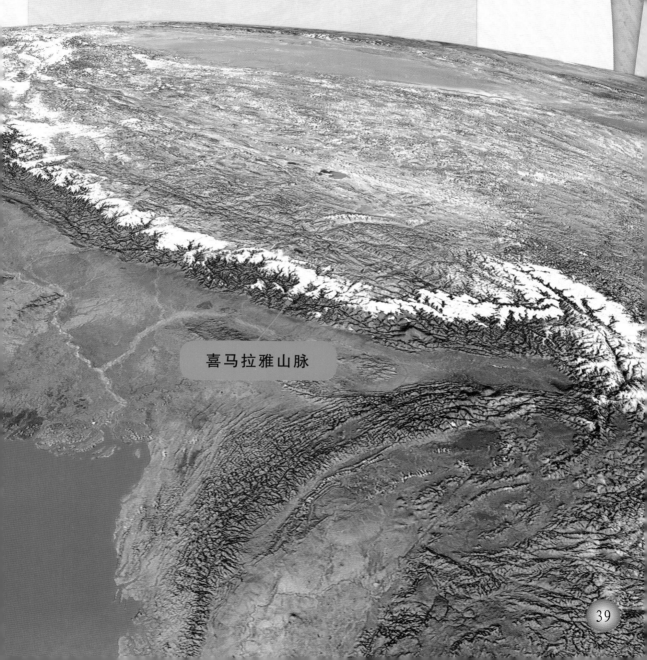

喜马拉雅山脉

预测天气

今天阿尔弗雷格·魏格纳因为他的大陆漂移学说而世界闻名。但他的"真正工作"是研究天气。在魏格纳时代，研究者作了许多关于大气和水循环的研究。然而，天气预报仍然不是十分精确。

在20世纪60年代，一位美国气候学家有了一个奇怪的发现。他指出天气预报从来没有真正准确的时候。他的发现导致了现在天气预报方法的出现。运用世界天气系统的计算机"模式"。

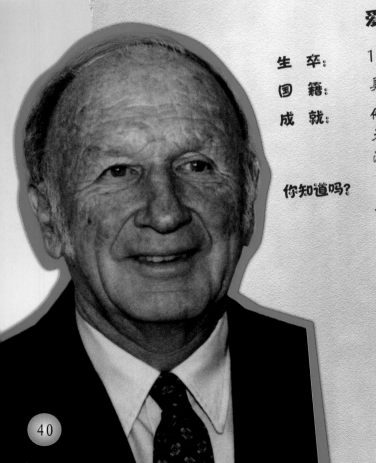

爱德华·罗伦兹

生　卒: 1917—2008

国　籍: 美国

成　就: 他发现大气中细微的变化会引发天气巨大的变化，也就是后来的混沌理论（详看第42页）。

你知道吗? 罗伦兹曾经作了一个关于混沌理论的报告，题目是"蝴蝶翅膀的拍打会引发得克萨斯州的龙卷风吗？"蝴蝶翅膀的轻轻拍打会引起空气中微小的变化。尽管这种变化是微乎其微的，也会引发天气大规模地变化。他精彩演说之后，混沌理论就成了举世瞩目的"蝴蝶效应"理论。

这是一幅数学模型的图片，罗伦兹画出来向我们说明他的混沌理论。

检验样本

　　1961年，爱德华·罗伦兹一直从事大气电脑样本的制作工作（电脑样本是一种与真实大气尽可能相同的程序）。罗伦兹研究出一种程序，这种程序包含真实的数据（关于天气的真实信息）。他运行过一次程序之后，又运行了一次，两次结果大相径庭。

　　罗伦兹回去检查，想看看究竟哪里出了问题。后来他发现误差出现在他第二次输入的数据。由于他的**数据**来源于打印稿，上面的数字与原始数据相比略有不同。但是误差小于千分之一。罗伦兹疑惑不解：为什么数据上的微小差异会导致最终结果产生这么大的差异呢？

翻到下页看看罗伦兹的发现……

混沌理论

　　罗伦兹认识到这种巨大差异出现的原因不是由错误造成的，而是由他的电脑模型引起的。原始数据中微小的变化引发了最终结果的巨大变化。

　　罗伦兹继续向我们展示他所看到的电脑程序的影响如何对现实天气状况产生作用。尽管大气状况几乎相同，但它们所引发的天气状况却不同，在一个地方可能会引起暴风雨，而在另一个地方会引发热浪。这就是罗伦兹所说的混沌理论。

　　根据罗伦兹的理论，人们对天气不可能作出准确的预测。因为现实中大气或者其他条件有微小的改变，就能彻底改变天气状况。

　　日本气象学家真锅淑郎（1931— ）是第一个用计算机创建全球气候模型的人。

42

计算机的力量

科学家们不断地开发计算机的能力，以此来提高预测天气的准确度。在美国国家海洋大气管理局，有很多超级计算机的运算速度能够达到每秒钟完成70兆次的计算。

更准确的天气模型有助于提高对气候长期预测的能力。所以对于研究气候变化来说，这些模型非常重要。

Sea surface temperature (deg C)

这是计算机模型，它向我们展示了海洋和海洋上冰的温度。灰色的区域是陆地。

现代天气预报

虽然混沌理论告诉我们不可能准确地预测天气。但是我们可以预测未来两三天的天气状况。

为了更准确地预报天气，现代预报学家们采用大量的计算机技术。他们通过各种渠道来收集目前天气状况信息，这些信息有的是来自地面天气观测站，有的来自空中气球，有的来自太空中的卫星。这些庞大的数据全部都输入到复杂的计算机天气模型中。预报者们将这些数据输入不同的计算机模式中。他们将每种程序都运行好几次，每次的结果都有略微的差别。这样他们能得到一批不同的结果。预报者从中选取最佳的预报信息。

前辈科学家成就的事业让我们完全改变了对地球和地球运行方式的理解。从中我们已经了解到地球的历史、生命的成长和改变以及天气与气候的变化。

虽然我们对此了解了很多，但今天的科学家们仍有许多重大的发现。另一个日益崛起的研究领域是其他星球和月球。在这个领域里已经有许多令人兴奋的发现。一艘名叫"伽利略"号的太空探测器（无人驾驶的飞船）在木星的卫星Lo上发现了成千上万座火山。

科学家们认为Lo星球应该是死气沉沉，寒冷刺骨，就像月球一样的星球。然而，木星和其他类似月球的引力使Lo扭曲变形了，同时加热了它上面的岩石，并产生成千上万的火山。

克劳迪娅·亚历山大博士是一位地球物理学家，她在美国国家航空航天局工作。她承担"伽利略"号的部分太空研究任务，这个太空探测器将Lo星球上的令人惊叹的火山图片发送回地球。

极端环境下的生命

地理学教授图里斯·昂斯托特对太空中生命的存在研究颇感兴趣。他去努力寻找那些根本不可能有生命的地方：地球上深埋地下的地方。

2006年，昂斯托特和一个来自美国普林斯顿大学的科学家团队在距地面3 000多米深的地方发现了细菌。这些神奇的细菌从围绕它们的岩石那里汲取核辐射能量来维持生命，而不是从食物和阳光中得到能量。这一重大发现让昂斯托特坚信，如果地球上在这样极端的条件下能发现生命迹象，那么在其他星球极端恶劣的环境中也极有可能发现生物。

人类影响

今天最大的问题是人类如何影响地球的进程。从工厂和汽车排放出的浓烟和废气是如何影响大气和海洋的？气候已经有什么变化？对人类未来将会有什么样的影响？

从罗伦兹的混沌理论我们知道：未来是不可预测的。但是随着对地球变迁的了解越来越多，我们能够减少对地球的影响和知道如何将一切变得更好。

人物大事纪（一）

通过下面彩色箭头，看看地球研究科学家的发现或者观点是如何影响另一些科学家的。

詹姆士·赫顿
（1726—1797）

提出一些岩石是因受热（熔化）而形成的；他认为过去所发生的地质现象，其方式和原理都和现在在地球上正在进行的作用方式相同，想要了解地球的历史，便要先观察现在地球上正在发生的各种现象。他还提出地球的年龄是几百万年，而不是几千年。

查尔斯·赖尔
（1797—1875）

倡导地质学，尤其推崇赫顿的观点。

威廉·史密斯
（1769—1839）

提出化石可以用来计算岩石年代的理论并绘制出第一张英国地理地图。

路易斯·阿加西斯
（1807—1873）

发现证据证明在过去冰川的范围更广阔。

阿尔弗雷格·魏格纳
（1880—1930）

提出大陆板块漂移说。

图佐·威尔逊

(1908—1993)

　　发展板块构造理论。

爱德华·罗伦兹

(1917—2008)

　　提出混沌理论——在大气中微小的变化会导致天气巨大的变化。

徐　星

(1969—)

　　他发现了许多恐龙化石，这些化石能用来证明恐龙与鸟类之间的联系。

亚瑟·霍姆斯

(1890—1965)

　　提出通过放射性物质来计算岩石年代的方法。

克里斯托夫·斯高缇斯

(1953—)

　　模拟出现在陆地板块未来发展的位置变化。

玛丽·萨普

(1920—2006)

　　第一位绘制出海底地图的人，这幅图还显示出中央海脊的位置。

英奇·雷曼

(1888—1993)

　　运用地震波的研究结果来证明地球拥有内核。

约瑟夫·克什维克

(1953—)

　　提出"雪球地球"观点。

小测试

1 气象学家主要研究什么？

（a）测量距离
（b）测量仪
（c）天气

2 谁利用陨石来估算地球的年龄？

（a）大卫·卡梅伦
（b）克莱尔·彼得森
（c）查尔斯·帕特森

3 詹姆士·赫顿提出了什么理论？

（a）诺亚洪水理论
（b）地球理论
（c）岩石循环理论

4 徐星发现了多少化石？

（a）一两块
（b）12块
（c）30多块

5 阿尔文是用来做什么的？

（a）山地营救
（b）天气预报
（c）水下研究

6 什么理论证明准确预测天气是不可能的？

（a）地球理论
（b）混沌理论
（c）进化论

词汇表（一）

冰川：在重力作用下缓慢流动的"冰河"。

沉积物：岩石或者其他物质的小颗粒。沉积物由大块的物质到沙子、细沙，最后变成淤泥（非常细小的颗粒）。

沉积岩：由被粉碎的沉积物形成的岩石。

地核：地球的中心部分。

地幔：地球内，介于地壳和地核之间的部分，厚度约为2 900千米。

大气：覆盖地球的空气层

地壳：地球外表的岩石层。

地质学家：研究形成地球的物质和地球构造、探讨地球的形成和演变，包括岩石学家、矿物学家，地层学家、古生物学家、大地构造学家等等。

地震波：由地震产生的一种波动。它穿过地下岩石或者沿着地表运动。

辐射：以一种强的波发射出能量。

古生物学家：研究化石的科学家，探究地球上生命的历史。

化石：在岩石上发现的死了很久的生物遗迹。

混沌理论：在系统，例如天气系统内，开始条件下出现的微小变化会使最终结果的大相径庭。

隆起：地球某些地方整体升高。经常发生在两个板块碰撞的时候。

气候：一个地区多年的天气状况。

气候学家：研究气候的科学家。

气象学家：研究天气变化的科学家。

熔化的：融化的、液化的。

细菌：微观生物体由单体的、微小的细胞组成。

预报：对可能发生的事情进行预测。

更多精彩发现（一）

书籍

Alfred Wegener（《阿尔弗莱德·魏格纳》），Lisa Yount（Chelsea House Publishers，2009）

The Earth: An Intimate History（《地球：一个熟悉的历史》），Richard Fortey（Harper Perennial，2005）

Earth's Cycles and Systems（《地球的循环和系统》），Andrew Solway（Raintree，2010）

Earth Science（《地质科学》），Katherine Cullen，Scott McCutcheon and Bobbi McCutcheon（Facts On File，2006）

Earth's Shifting Surface（《地球的移动表面》），Robert Snedden（Raintree，2010）

（中文书名为参考译名）

网址

有活力的地球
pubs.usgs.gov/gip/dynamic/dynamic.html
这个网站可以看到来自美国地质勘探局的关于板块构造的书单。如果你想了解更多的板块构造知识，这里是个不错的开始。

水的循环
ga.water.usgs.gov/edu/watercycle.html
也是一个美国地质勘探局的网站，这里是关于水循环的。

蝴蝶效应
www.exploratorium.edu/complexity/java/lorenz.html
试着自己找到这一理论。同时让两个"颗粒"在路途中同时出发，观察它们不同的旅行轨迹，无论开始时它们有多么地靠近。

旧地图计划
www.scotese.com
想知道泛大陆是什么样子，5000万年前的地球什么样，快到这个网站看看吧！

讨论话题

岩石
找到不同种类的岩石：沉积岩、火山岩或变质岩。

气候变化
试着做一些关于气候变化的辩论。我们现在的冰期结束后，会发生什么？全球气候变暖吗？你觉得这是因为人类的生存方式还是地球自身进化的一部分？

化石
组织一次寻找化石之旅，可参考野外生存密码的相关网站：www.geolsoc.org.uk/gsl/site/GSL/lang/en/page2542.html。

侏罗纪公园
查查看，侏罗纪时代是什么时候。在那个时期，超大的泛大陆地质板块发生了什么？那时候有多少种恐龙生存？

生物密友

生机勃勃的星球

地球上充满了生命。几乎在你能看到的每个地方都有生命的迹象。在海洋的深处或沙漠的中心都能找到生命。生命的形式千姿百态。我们如何能完全了解生命呢？

人类一直对他们周围多种多样的动植物具有浓厚的兴趣。几千年前，这种兴趣主要源于他们对生存的考虑。那个时候，对于人类来说知道什么东西可以拿来填饱肚子，怎样不被动物吃掉或有毒生物毒害才是重要的。

想知道更多

后来，我们不再仅仅想知道哪些生物好吃或者哪些生物是危险的。科学家也开始设法弄清楚一种生物和另一种生物之间的亲缘联系。他们想知道生物究竟是怎样生存的，它们为什么会有这样或那样的行为。

很多人投入了大量的时间和精力去揭开这些奥秘。它是一项到今天仍在继续而无止境的调查研究。生物世界既丰富多彩又复杂多变。

当你在海底观察鱼类的时候，随身带上一本防水的《鱼类鉴别指南》会很有帮助的。

与科学家结识

在这本书里，我们将认识一些世界著名的科学家，他们将毕生的精力投入到揭开生物奥秘的事业中。不论这些科学家的名气大小，每个人所做的都是无可估量的。正是因为科学家们对生物世界强烈的好奇、坚持不懈的努力以及孜孜不倦的奉献，我们才能清楚地了解那个神奇的生物世界。

生命科学

研究生物世界的科学家称为**生物学家**。生物学家研究的领域不同。有的人从很微观的视角打量生命，想看看生物体是怎样组装起来的。另一些人则研究不同生命形式之间的联系。还有一些人对野生环境中的动物行为进行研究。

在变化中生存

这两位科学家正在仔细测量一只注射过镇静剂的北极熊。

亨利·哈罗和来自美国怀俄明州的**研究者**团队一直致力于对阿拉斯加北极熊的研究。他们想知道北极熊是用什么方法应对周围**环境**变化的。在那里，天气时刻发生着变化。每年夏天，北极熊所生存的冰块都在不断缩小，而且融化速度越来越快。让北极熊苦恼的是它们必须决定是待在陆地上，还是向北追赶那些渐渐消失的冰块。然而陆地环境对北极熊来说何等的艰难。在陆地上它们很容易身体过热，并且很难找到充足的食物。

这支研究团队从直升机上追寻北极熊的踪迹。他们用飞镖给北极熊注射镇静剂（让它们睡会儿觉）。然后他们在北极熊的身上安装一个全球定位系统（**GPS**）。他们还要提取北极熊呼吸的样本。"你在直升机上拿着两个装有北极熊呼吸的气体大袋子，这看起来有点可笑。"哈罗说。通过研究北极熊的呼吸能判断出北极熊最近是否吃过东西或者它是否耗尽了存储的脂肪。

当一名科学家

安妮·玛瑞·格里恩是一位**分子**生物学家，她是爱尔兰人，现在在德国工作。**蛋白质**和其他分子是生命的基础。格里恩博士就是研究它们的作用和工作原理的。

安妮·玛瑞·格里恩说，一旦你对科学设备熟悉之后，你会觉得它们很容易操作。

<u>做实验时，安排有序，组织严密是很重要的</u>。例如，很昂贵的设备必须提前预定。格里恩博士使用的设备能让她在高倍放大的情况下探究生物体，这个设备能够将生物体放大到原来的5万倍。她说感觉就像看照片一样，你可以进入到里面去，你可以看到"你从来没有看到过的东西"。

另外，作为一名科学家不应该太教条，应该有能力应对突如其来的事情。格里恩博士说："在科学研究上，本来你觉得很确定的事情却常常不遂人愿。"如果你想成为一名科学家，她说："那么你需要拥有一颗强烈的好奇心和凡事都要问个为什么的精神——而不是一味地相信别人的观点……相信自己，相信自己的能力是很重要的！"

多姿多彩的生命

地球上有多少种生物呢？我们还不能给出确切的答案，因为不断有新的物种被发现。

目前，科学家已经为将近200万种动植物起了名字。究竟还有多少没被发现的生物，人们只能去猜想了。估计数量会在200万~3000万之间。有一点我们可以肯定：其中绝大多数生物都是昆虫。科学家认为昆虫数量远远大于其他的物种，比例大约为20∶1。

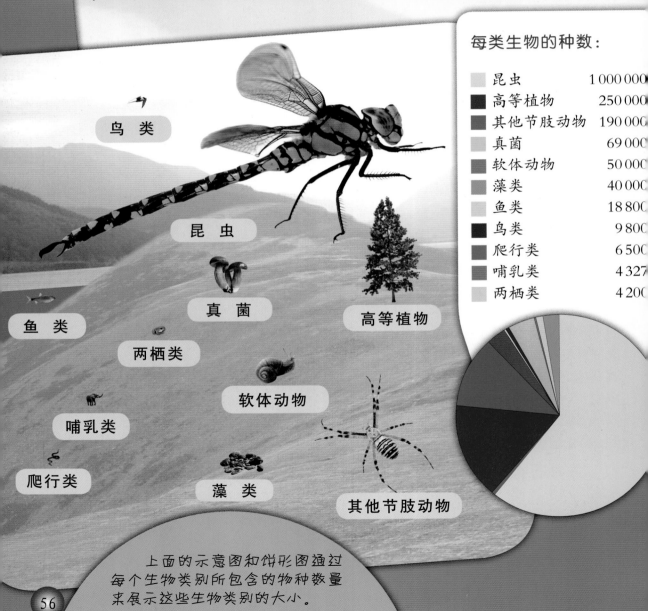

每类生物的种数：

昆虫	1 000 000
高等植物	250 000
其他节肢动物	190 000
真菌	69 000
软体动物	50 000
藻类	40 000
鱼类	18 800
鸟类	9 800
爬行类	6 500
哺乳类	4 327
两栖类	4 200

鸟类 · 昆虫 · 真菌 · 高等植物 · 鱼类 · 两栖类 · 软体动物 · 哺乳类 · 爬行类 · 藻类 · 其他节肢动物

上面的示意图和饼形图通过每个生物类别所包含的物种数量来展示这些生物类别的大小。

捕捉蜘蛛

2008年夏天，加拿大不列颠哥伦比亚大学的韦恩·麦迪逊带领一支探险队去巴布亚新几内亚考察。他们去寻找新种类的跳蛛，那是一种让他很着迷的东西。"这种蜘蛛不是待在网中间一动不动，而是在它的**栖息地**四处爬动，并会像猫一样扑向猎物。"麦迪逊说。

探险过程中，他们捕到了500多只蜘蛛，令人惊讶的是有30多只完全是科学新发现。"这表明大发现的时代目前还没有结束。"麦迪逊说。他认为世界上至少还有5000种跳蛛等待我们去识别。

这些科学家正在研究一种新发现的跳蛛。

更多的哺乳动物

人们发现的生物不仅仅是那些微小的、像蜘蛛一样的动物。最近20年，人们发现了400多种新的**哺乳动物**（温血、有毛的动物），而且为它们定了名字。它们占所有已知哺乳动物的十分之一。这些动物包括小鹿、侏儒懒猴、猕猴、蝙蝠、鼠类、猴子等。不幸的是，有20多种新发现的哺乳动物面临着永远消失——也就是**灭绝**的险境。

很多人没有意识到这一点，我们恰好处在哺乳动物发现的时代。

——克里斯托夫·赫尔根
美国华盛顿史密松
自然史博物馆

生命条码

仅仅通过观察，我们不能辨别一种生物究竟属于哪一个**物种**。假如你看到一块树根或者没有孵化出来的昆虫卵，你能知道它们是什么物种吗？

来自加拿大圭尔夫大学的保罗·赫伯特想，要是有一个小型的可以拿在手里并能够立即识别物种的小设备那该多好哇！他在当地的一家超市得到了灵感。他了解到超市是利用条形码来寻找货品。寻找地球上成千上万不同的昆虫也可以用同样的方法。

赫伯特决定用**DNA**。这是一种在所有生物体内都能发现的密码。DNA从一代传到下一代并且携带着组装和运转新<u>有机体（生物）</u>的指令。每个物种都有各自不同的DNA密码。

DNA数据库

为了这个系统能够运作，需要建立一个庞大的世界生物DNA样本数据库。目前，有7万多个物种已经被分类。世界上大约有1万种鸟。研究团队希望能早日把所有鸟种都记录在案。他们相信条码技术能够帮助鉴定至少1000种新的鸟。

种	*Musca domestica*家蝇（屋子里飞的）
属	蝇属
科	蝇科（双翅蝇类）
目	双翅目（两只翅膀的昆虫，例如苍蝇、蚊子和大蚊）
纲	昆虫纲
门	节肢动物门（具有外骨骼和具关节的附肢的动物）
界	动物界

有些物种看起来很相似，它们的DNA条码可以帮我们把它们区分开来。

双白纹弄蝶 *Astraptes fulgerator* CELT

双白纹弄蝶 *Astraptes fulgerator* TRIGO

美洲雕鸮 *Bubo virginianus*

仓鸮 *Tyto alba*

很久以来，人们一直观察鸟类并认为他们听过所有鸟的叫声，看到过所有颜色的鸟，但是条码系统证明情况不是这样。

——保罗·赫伯特

什么是物种？

区分生物的基本单位是物种。同一物种成员之间能够繁殖后代，后代还能繁衍后代。一个物种中单个成员可能会存在明显的差异，但仍在很多方面有相同之处。

卡尔·林奈
和生命之树

瑞典博物学家卡尔·林奈是第一个为庞大而多样的生物群分门别类的人，他创立了一个生物命名和划分种群的系统。

卡尔·林奈

生卒： 1707—1778

国籍： 瑞典

成就： 创立了生物命名系统。

你知道吗？ 林奈通过尝试种植咖啡、茶叶、香蕉和水稻来繁荣瑞典的经济，但是这些植物在寒冷的环境下却不能存活。

自然系统

很早的时候，林奈就对研究植物的名字很着迷。1727年，他开始接受医生资格的培训。那个时候，了解植物是学习医学的一部分。每名医生都应该知道如何用植物制药。

这幅蒲公英图向我们展示了林奈利用植物不同部位来对植物进行分类的方法。

蒲公英

1735年，林奈拿到医学学位并出版了《自然系统》这本书。在书里，他提出一个新的自然界分类系统。这本书的第1版仅仅只有几页内容，但之后林奈不断向其中增添新内容。到1758年出版的第10版已经厚达两卷了。

林奈的分类方法

那时候，每个物种都会被给予一个拉丁文的科学名称。但是，这些名字经常很冗长。例如，西红柿的名字是 *Solanum, caule inermi herbaceo, foliis pinnatis incisis, racemis simplicibus*。

林奈提出，根据一些共有的特征，可以把自然界划分成不同的类群。他将自然界中的万物分成三个界：植物、动物和矿物。界下面分为纲，纲下面分为目，目下面是属，属下面是种。

林奈大大简化了植物的命名方法。他为每种植物指定一个由两部分组成的拉丁文名字。第一部分表示属，另一部分表示种。在新系统之下，西红柿的名字简化成 *Solanum lycopersicum*。5年以后，林奈开始将他的系统扩展到动物界。其他科学家不久也采纳了他的分类系统。今天这个系统仍作为分类的基础。

达尔文和新物种

为什么有那么多的物种呢？科学家查尔斯·达尔文（1809—1882）对这一问题进行了深入的思考。他看到所有的生物都为争夺资源（如食物和水）而相互竞争。他还发现每个物种的后代之间存在着差异，这些差异虽然很微小，比如有的动物只比别的动物跑得稍快一点，但即使这种细微的优势也能增加动物生存和繁衍后代的机会。假以时日，就形成了一个善于飞跑的新物种。

达尔文称这为自然选择。最适合环境生存的生物也最能将种族繁衍下去。这就是所谓的适者生存。

微观世界的生命

有这样一个我们看不到的生物世界，因为它们太小了，人类用肉眼根本看不到。科学家需要用功能强大的显微镜来寻找这些**微生物**。这些研究微生物的科学家叫作**微生物学家**。

尽管微生物很小，但它们却很重要。例如，生活在土壤和水中数量庞大的微生物能够在降解废物和回收废物方面发挥着至关重要的作用。微生物主要有三大类：细菌、原生生物和古菌。在下一节中我们会认识一下古菌。

一滴海水可能聚集成千上万个微生物。

细菌

　　细菌是能够独立生长和繁殖的最小的生物体。它们的长度很少能超过0.01毫米。到处都有细菌。它们生活在土壤里、空气中、水里，也生活在其他生物的身上和身体内部。

　　没人能清楚地知道世界上究竟有多少种细菌。身体内和皮肤上的细菌数量是构成你身体细胞的10倍。

　　2008年，伦敦国王学院的威廉·韦德教授（右图）在人类的嘴里发现了一种新型细菌。他说："在1毫升唾液里有1亿个细菌，嘴里有600多类物种。大约有一半细菌还需要得到命名，我们正在对这些新物种进行描述，为它们起名字。"

原生生物

　　原生生物比细菌大些。但是没有显微镜我们还是不能看到它们。一些能够自给自足，就像植物一样，而另一些却以其他原生生物为食。一些原生生物生活在动物体内，在那里它们能够引发疾病。

卡尔·沃思
和他的 嗜极生物

20世纪70年代，美国伊利诺伊大学微生物学家卡尔·沃思发现了一群新的有机体。之前，它们统统被归类为细菌。事实上，它们与其他生物差别很大，它们需要在生物世界拥有一个自己的分类群。

卡尔·沃思

生　卒：　1928—

国　籍：　美国

成　就：　发现古菌，或叫嗜极生物。

你知道吗？　1992年，荷兰皇家艺术和科学研究院为沃思颁发了微生物学最高荣誉奖列文霍克奖章。

古菌

沃思发现的古菌在很多方面与细菌相似。然而，当沃思检验它们的**基因**（生物的特征靠基因从一代传到下一代）时，发现它们的一些基因能够在多细胞生物中找到，还有一半以上的基因与其他生命类型的基因完全不同。<u>出现在地球上的第一批生物很可能和古菌很相似。</u>

美国黄石国家公园牵牛花池五彩缤纷的颜色是生活在那里的热水中的嗜极生物细菌制造出来的。

在极端环境中生存

在极端的环境下能发现古菌，那里没有别的生物生存。因为这个原因，它们也被叫作嗜极生物。这种生物能在地球上一些最恶劣的环境中找到。例如：

- 在温泉，极碱性或者极酸性水里；
- 在距离海底火山口很近的地方，那里的温度接近沸点；
- 在地球表面以下很深的石油沉积层里；
- 在奶牛的胃里，它们能够帮助奶牛消化食物。

备受攻击的观点

沃思的观点没有马上得到人们的认可。一些科学家强烈反对为这些物种另立门户的观点。拉尔夫·沃尔夫是沃思的一位同事，他回忆说："很多顶尖级的生物学家都认为沃思的念头太不可理喻了。"尽管沃思被忽视，受侮辱，但他仍然继续进行他的研究。他花了20年的时间让人们接受了他的观点。

绿色世界

想象一下，如果没有木头做东西，没有水果和蔬菜可以吃，甚至没有纸张可以用来印书，我们的生活将会变成什么样子？地球上几乎所有其他的生物，或者以植物为食，或者以吃其他吃植物的生物为食。可见，植物的作用多么重要！对植物生命的科学研究叫作植物学。而研究植物的科学家我们叫作植物学家。

植物学是一个庞大的学科，因此大多数植物学家钻研不同的领域，例如，植物**遗传学**（对基因及其作用进行研究的学科）、植物**生态学**（研究植物如何在环境中的生存）等。很多人的时间分为两大块：一部分花在实验室里，一部分用在去野外栖息地寻找新物种。

当一名植物学家

洛克珊·斯蒂尔放弃了机械工程师的职业而去研究植物。当她志愿帮助在哥斯达黎加雨林中作研究的科学家时，她人生的转折点就到来了。"我毫不犹豫地辞去我工程师的工作。"她说，"我开始在温室工作，开始学习大学植物学课程。我从来没有后悔过。"

一些植物学家研究土豆的5 000个不同品种。

这幅照片是洛克珊·斯蒂尔在秘鲁热带雨林中寻找小蝶瓜的情景。

我想应该重视我们同自然的关系，我们也有责任去了解自然，更有责任为我们的子孙后代保护自然。

洛克珊·斯蒂尔

斯蒂尔研究一类叫作小蝶瓜的植物，它属于葫芦科。没人知道在那里究竟有多少种小蝶瓜。很多种类在它们的一生中会改变花朵的颜色和叶子的形状。当这些植物生长到一定程度时，它们会改变性别，从雄性变成雌性。所有这些都使小蝶瓜的具体种类难于鉴定。

斯蒂尔在实验室里花了很长时间。但是她说："到野外采集小蝶瓜的旅程是最激动人心的事情，而且是我工作中最有教育意义的部分……我到哥斯达黎加、波多黎各和多米尼加共和国去采集这些植物……有时两株瓜藤会相隔数百米之远，我得开车或者徒步搜寻……去四处搜寻它们。"

将来，斯蒂尔打算教育学生和公众去了解自然界和我们对它的种种影响。

乔治·福雷斯特出生在苏格兰的福尔柯克镇。他是世界上最伟大的植物收藏家和探险家，人们又称他为苏格兰的植物"夺宝奇兵"。他一生中进行了7次大规模的植物采集探险，而且经常是困难重重。在这些探险活动中，他发现了科学界以前未知的1200多种植物新物种。

乔治·福雷斯特

生　　卒：1873—1932

国　　籍：英国（苏格兰）

成　　就：搜集到3万多种植物，其中很多成为英国花园中的常见品种。

你知道吗？ 福雷斯特引进的50多种植物在爱丁堡皇家花园里面仍然能见得到。

1891年，福雷斯特去澳大利亚淘金。10年后，他回到苏格兰爱丁堡皇家花园工作。凭着坚定的意志和足智多谋，他获得了一次参加中国植物采集考察队的机会。这差点成为他唯一一次的探险，因为这支队伍在中国遭到了武装分子的袭击，福雷斯特勉强逃出。

先进的方法

福雷斯特创造了一些现代的植物采集方法。由于当地居民对他们所居住的土地很了解，所以有了当地居民的帮助，福雷斯特采集的植物**标本**比其他人更多。28年的职业生涯，福雷斯特的勤奋和专心使他赢得了极高的荣誉。他对植物细致入微的观察受到科学家们的极高评价。

与那个时代的其他采集者不同，福雷斯特广泛发动当地群众，让他们也当采集者。这也成了今天这项工作的一个惯例。另外，他所提供的每一份采集的质量都远远超过他的同行。

——马克·沃森
爱丁堡皇家花园
中国植物研究专家

蓝色的龙胆花就是福斯特从中国带回欧洲的许多植物之一。

蘑菇和其他真菌

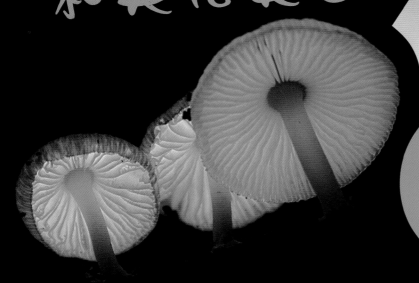

这些能在黑暗中发光的蘑菇生长在澳大利亚的昆士兰地区。

过去人们认为蘑菇是植物界中的特殊类群，但是现在我们知道它们属于生物的一个完全不同的界——真菌界。真菌在生物世界里起着至关重要的作用，它能帮助降解和回收死去的物质。

菌物学

研究蘑菇的科学叫作**菌物学**。研究这门科学的人叫作真菌学家。德国科学家海因里希·德巴里是这门生物学这个分支的创始人之一。他调查发现真菌能够导致植物的一些疾病。他还建立了真菌的一个分类系统，这一系统一直沿用到今天。

海因里希·德巴里

生　卒：1831—1888

国　籍：德国

成　就：创立现代真菌学。

你知道吗？德巴里有9个兄弟姐妹。

德巴里第一个提出**地衣**其实是生活在一起的藻类植物（一种能够自给自足的植物）和真菌，它和真菌类植物生活在一起。无论是在天寒地冻的南极洲，还是热带雨林，都能发现地衣。互利合作是它们在自然界生存制胜的法宝。藻类捕捉阳光，并且提供食物和能量给它的伙伴。真菌破坏岩石获得宝贵的矿物质，而且它们能够防止地衣干枯死亡。真菌和藻类如此密切地生长在一起，人们总会误认为它们是单独一种生物体。

德巴里引入术语"**共生**"来说明它们的这种伙伴关系，即，两种不同的生物体共生一处，相互受益。

药用蘑菇

几个世纪以来，老百姓一直把蘑菇当作药材使用。而今天，科学家也开始认真地研究蘑菇可能具备的真实益处。

2002年，英国癌症研究所发表了一项有关药用蘑菇的重要研究。研究者在斯特拉思克莱德大学约翰·斯密斯教授的带领下对蘑菇的医学价值展开研究，研究中一项引人关注的结果是蘑菇中的一些化学物质可以用来减小癌症治疗中的副作用。

研究报告得出结论：药用蘑菇在抗击癌症方面可能有真实的作用，但是在这方面仍然有大量的工作等待我们去做。

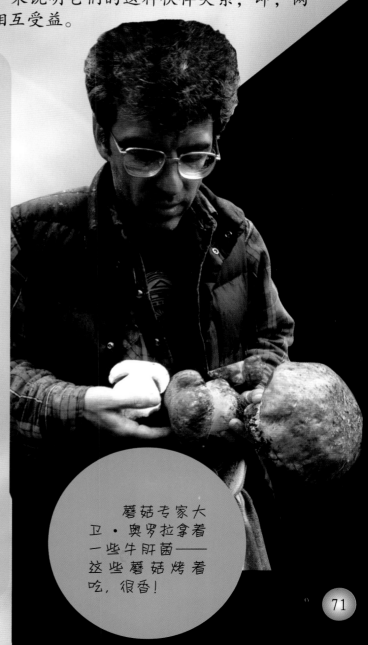

蘑菇专家大卫·奥罗拉拿着一些牛肝菌——这些蘑菇烤着吃，很香！

71

玛格丽特·罗曼
——"树冠女王"

热带雨林中最高的部分就是树冠部分。那里是一个距离地面30~50米高的隐蔽世界。树冠是一个很难攀爬上去的神秘地方，但是那里却充满了生命。在热带雨林中，多达十分之九的动植物生活在树冠上。

树冠羞避

要是你待在热带雨林的树上向下看，你会看到树与树之间的缝隙。树与树彼此互不相碰。科学家把这种现象叫作"树冠羞避"，没人知道为什么会这样。

深入树冠

玛格丽特·罗曼是从树冠上研究热带雨林的先锋者。她利用热气球，在树冠之间搭建人行道；用大型起重机将自己送入另一个很少有人接近的生物世界。她热爱树冠并赢得了**"树冠女王"**的称号。

玛格丽特·罗曼

生 卒：1953—

国 籍：美国

成 就：开发了研究热带雨林树冠的新方法。

你知道吗？罗曼是一个单亲妈妈，她经常带着她的儿子们在树冠之间工作。

另一个研究树冠的方法是采用"树冠筏"。它就像一个巨大的网，搭建在充气的支柱之间，从气球上投落到树冠上。科学家悬在树冠筏上，能够研究他们脚下的树。如果在身上系上安全绳，他们甚至可以在树冠筏上睡觉！

下一代

罗曼非常热衷于和下一代的科学家分享她的工作。罗曼还利用卫星技术将她在伯利兹热带雨林树冠上的工作情景进行现场直播，这场直播吸引了900多万名来自秘鲁和巴拿马的师生。

> 树冠筏和热气球确实是我所用过的接触树冠最有意思的工具……树冠筏和热气球的另一个优势是，这些探险在空间上通常是跨国的……经过分工协作，这些数据的价值倍增。
>
> ——玛格丽特·罗曼

73

昆虫的星球

这是一只生活在马达加斯加森林中的长颈象鼻虫。

在雨林中拥有世界上大约一半以上的动植物。到目前为止，数量最庞大的要属昆虫。研究昆虫的科学家是昆虫学家。大概有三分之二我们所知道的生物是昆虫，所以这是一个很大的研究领域。

昆虫灭绝

人们认为昆虫数量庞大，很难想象它们有一天也会面临绝种的危险。然而，的确它们会灭绝的。19世纪，美国落基山蝗虫是庄稼的最大天敌。据报道，曾经有1.2亿只蝗虫组成的虫群，其长度达到了480多千米。然而，今天，落基山蝗虫可能灭绝了。

这种红蛱蝶每年都从非洲飞到英国。

风力冲浪

到目前为止，很多人都认为风吹到哪里，蝴蝶和蛾这类的昆虫就去哪里。然而，英国昆虫学家们提出迁徙的昆虫能够在风流中蹭车，这样风流可以将它们带到想去的地方。

杰森·查普曼是赫特福德郡罗德马斯特研究中心的一位昆虫学家。他和他的同事追踪10多万只蛾子和蝴蝶的行为轨迹。2000~2007年期间，每年这个团队用雷达跟踪这些昆虫春天向北欧**迁徙**，秋天向地中海迁徙的情况。他们发现昆虫选择了使它们能够穿越最远距离的有利风向。

飞蛾看上去能够探测风向，而且能够根据风向改变飞行方向。"人们认为昆虫的迁徙过程很随意、不确定。"查普曼说，但"很多种昆虫却能自己控制风向，就是说，它们不完全受风支配"。

飞行速度

"比起鸟类，昆虫飞得很慢，所以它们必须进化出一种方法来提高它们的飞行速度。"查普曼说。它们借用风力做到了这一点。在距离地面400米的高空飞翔，在那里风速很快，昆虫的飞翔速度能够达到每小时90千米，而且在8小时内飞跃700千米的距离。

塞尔维亚·厄尔勒

海洋面积大约占地球总面积的70%，地球表面的大部分都被海水覆盖着。和陆地一样，海洋中也有生命。动物种类繁多，从微观的**浮游生物**到地球上现存最大的动物——**蓝鲸**。

有这样一个人，为了让我们了解海底世界，她做了大量的工作，她的名字叫塞尔维亚·厄尔勒。她毕生的精力都用在了探索和研究海洋上。

塞尔维亚·厄尔勒

生卒：　1935—

国籍：　美国

成就：　保持了解开救生索在海底深处行走的最大海深记录。

你知道吗？　厄尔勒领导了70多次的探险并在海底度过了6500多个小时。

石油泄漏事件

2010年，厄尔勒向美国众议院（国会）提交关于墨西哥湾"深水地平线"号钻井平台石油泄漏的影响的证据，当她在读陈述词的时候，委员会主席说："您是唯一一位我们见到的替海洋说话的人。"

塞尔维亚·厄尔勒（图片后方）与另外一名研究员一起潜入海底，那个研究员待在一个只能容纳一人的水下探测设备里。

潜入深水

厄尔勒是第一个使用水中呼吸器（潜水工具）的研究者。一般的水中呼吸器不能抵御来自海洋深处的巨大压力。1979年，厄尔勒创造了潜水水深将近400米的纪录。为了做到这一点，她穿上了金属的潜水服。这个金属潜水服能保护她免受来自外部的巨大压力。

雅克·库斯托 和 水中呼吸器（氧气罩）

雅克·库斯托（1910—1997）可能是最著名的水下探险家。他同埃米尔·戈南（1900—1997）一起发明了一种水中呼吸器，也被称为"水肺"，可以使潜水者在水下独立活动。

库斯托是水下摄影的先锋。他乘坐自己的"卡利普索"号轮船对海洋进行探索，并且制作获奖影片和电视节目。这些让人们有机会去观察一个他们想都不敢想的世界。

—— 动物习性学的先驱

诺贝尔奖得主康拉德·洛伦兹是动物习性学的奠基人之一。这是一门研究动物行为和动物之间通讯的科学。

洛伦兹小时候就对动物感兴趣。他拥有很多动物，不仅有猫、狗，还有猴子、鸟儿和鱼。其中鹅特别让他着迷。他在日记里详细记录了他所观察的鸟类行为。

康拉德·洛伦兹

卒: 1903—1989

籍: 奥地利

就: 创立了现代动物习性学。

知道吗? 康拉德·洛伦兹小时候曾经照顾过家附近动物园里生病的动物。

尼古拉斯·廷伯根

　　1933年，洛伦兹成了动物学博士，他继续对鸟类进行系统的研究。为了能够近距离地观察鸟类，他建立了寒鸦和鹅的研究基地。1936年，他与尼古拉斯·廷伯根结识，他是洛伦兹亲密的朋友和同事。洛伦兹经常与宠物、家畜打交道。而廷伯根则喜欢在更加自然的环境下观察动物的行为。他们在动物行为研究方面做出了卓越的成就，1973年，他们同研究蜜蜂习性的先驱卡尔·冯·弗里什一起获得诺贝尔奖。

本能和习得

　　<u>洛伦兹观察到动物行为分为两种。</u>一种是动物天生的行为，这叫作**本能**，另外一种行为是后天学到的。

　　洛伦兹提出幼鹅本能地认为它们出生后第一眼看到的东西就是它们的妈妈，这一结论让洛伦兹变得家喻户晓。为了证明这种现象，洛伦兹让小鹅跟着他，而不去跟随它们的妈妈。到他家做客的人，不久就发现无论洛伦兹走到哪里，身后总有一群小鹅在大摇大摆地跟随着。

　　皱褶蜥蜴可能在警告捕猎者离开，这是它本能的体现。

鸟类

对于大多数人来说，鸟类是我们最熟悉的野生动物。我们最常看到的野生动物是鸟儿，也最常听到它们的鸣叫。它们的栖息地从冰冻的南极洲到茂密的森林和广阔的沙漠。一些鸟类能够在海浪上空翱翔，甚至在都市中心的公园和花园里都能找到鸟儿的影子。研究这些漂亮精灵的科学叫作鸟类学。

罗杰·托里·皮特森

美国鸟类学家罗杰·托里·皮特森是一位世界级的观鸟者。他也是一位天才的野生生物艺术家。皮特森撰写和绘制了一系列不同地区的《鸟类野外指南》。《鸟类野外指南》在让人们对鸟类产生兴趣方面功劳卓著。业余的观鸟者非常喜欢皮特森的鸟类鉴定系统，简单明了，通俗易懂。

罗杰·托里·皮特森

生　卒：1908—1996

国　籍：美国

成　就：撰写《鸟类野外指南》，1934年首次出版。

你知道吗？由于皮特森在环境保护方面的卓越成绩，他在1980年获得了总统自由奖章，这是美国公民的最高奖项。

一只雄性的园丁鸟会打扮它的房间，让房间漂亮起来，以此来吸引雌鸟的注意。

迁徙的秘密

一段时间以来，欧洲的鸟类学家对水栖苇莺冬天到哪里过冬感到迷惑不解。这种濒危的鸟夏天在东欧的栖息地生活，在那里已得到保护。鸟类学家想确定它们冬天的家园是否也能受到良好的保护。

经过5年时间的调查，科学家跟踪这种鸟类到达了西非地区。很多鸟在塞内加尔朱贾国家鸟类保护区被发现。鸟类学家尹迪佳·彬达能帮助欧洲研究者在公园找到鸟群。欧洲研究者们用高科技设备跟踪这些鸟。例如，他们分别在欧洲和非洲捕捉这些鸟，并将它们的羽毛进行对比。尽管这样，他们还是需要像尹迪佳·彬达这样的当地专家帮助。

这幅图是尹迪佳·彬达和水栖苇莺的合影。

乔治·夏勒

——野外生物学家

德裔美国人乔治·夏勒被认为是我们这个时代世界上最伟大的博物学家和最优秀的野外**生物学家**。他花了50多年的时间研究野生动物，他观察狮子、熊猫、老虎和山地大猩猩。他也是一位重要的自然资源保护主义者。

> 观察过大猩猩那智慧、温柔又流露着脆弱的眼睛的人，没有谁能无动于衷，因为猿和人类的差异消失了。我们知道大猩猩依然生活在我们中间。
>
> ——乔治·夏勒

乔治·夏勒

生　卒：1933—

国　籍：美国（德国后裔）

成　就：建立山地大猩猩保护区。

你知道吗？1995年，夏勒发现了西藏马鹿，这是一种人们认为已经灭绝的动物。

神秘的雪豹是乔治·夏勒众多研究对象之一。

山地大猩猩

1959年，26岁的夏勒去非洲对山地大猩猩进行研究。在他动身之前，人们对山地大猩猩知之甚少。很多人认为那是一种危险和野蛮的野兽。夏勒表示人们对这种动物的看法其实是一种误解。他告诉我们，大猩猩是一个社会性的家族群体，而且它们是聪明的素食动物，比起它们带给人类的危险来，人类带给它们的危险要大得多。它们远远没有人类那么危险。

戴安·佛西

美国动物学家戴安·佛西继续夏勒的对山地大猩猩的研究工作。近20年里，她投身于研究卢旺达的山地大猩猩以及保护它们的栖息地。佛西花了很长时间取得了大猩猩的信任。不幸的是，1985她被谋杀了，她的工作因此被中断。尽管很多人认为偷猎者的嫌疑最大，但这起案件至今仍未破解。

大脚怪

一些人认为在美国西部和加拿大境内生活着一种像人一样的、体形庞大、长着毛发的动物。他们称这种动物为"大脚怪"或者叫"北美野人"。但是没人真正发现大脚怪的痕迹。很多科学家认为它们根本不存在。乔治·夏勒认为"大脚怪"是一个值得研究的课题。"在过去的很多年里，有很多的目击报告，"他说，"即使我们澄清了其中95%的谜团，还有很多剩下的东西等待我们去解释，所以我想拥有一个认真观察事物的态度非常必要。"

"与狮共伍"

乔治·夏勒对肯尼亚塞伦盖蒂国家公园的狮子进行了卓越的研究。

3年间，他观察狮子生活的各个部分，对动物猎手和它们的猎物生活获得了独特的见解。

从1966年到1969年，夏勒和他的妻子，还有两个孩子居住在塞伦盖蒂国家公园里。狮子经常到他们的小木屋四周徘徊。他写的一本叫作《塞伦盖蒂的狮子：捕猎者和猎物的关系研究》的书，向我们展示了他的发现。这本书1972年出版，至今仍然是关于研究非洲狮的主要科学信息来源。

其他科学家继承了40年前斯高乐的研究。夏勒曾经观察过的狮子的后代现在也成为科研者研究的对象。一位主要的调查者是科瑞格·帕克，于1978年主持塞伦盖蒂狮子的研究项目，并且成为明尼苏达大学狮子研究中心的主任。

集体防御

科学家对狮子为什么群居迷惑不解。其他猫科动物并不是这样生活的。很长一段时间人们得出的结论是狮子群居能大大提高它们成功捕猎的几率。但是狮子研究中心的科学家却表示反对这种说法。

狮子只有当它们有需要的时候才会集体捕猎，比如猎物是一头体形硕大、凶猛危险的野牛时。一头母狮自己就能捕获小点的疣猪。狮子群居的真正原因在于守卫**领地**，不受侵犯。

以量取胜

　　食物、水和庇护所对于狮子来说是至关重要的资源。狮群越庞大，它们就越能控制更多的资源。研究者做了一项试验：他们把录制好的外来狮子的吼叫声放给母狮听。一只母狮听到扬声器播放出来的声音不敢靠近，而三只母狮子却敢靠近。播放三只狮子的吼叫声，这三只母狮子会停下脚步寻求援助，而五只母狮子却敢靠近。这说明狮子在应对威胁时要依靠群体的力量。

狮群对它们的领地时刻保持高度警惕。

珍妮·古道尔
和冈贝黑猩猩

有这样一位世界最著名的动物行为专家，她没上过大学。1957年辞去电影制片助理工作的她从英国出发前往非洲。在那儿，她遇到了路易斯·利基。路易斯·利基是世界著名的人类学家（研究人种及其祖先的人）。1960年，利基让古道尔去研究一群生活在坦桑尼亚冈贝的大猩猩。接下来的40年里，她的大部分时间都待在那里。

珍妮·古道尔

生　卒: 1934—

国　籍: 英国

成　就: 对黑猩猩行为所做的先驱性研究。

你知道吗? 当古道尔为听众作报告时，她几乎总是用模仿黑猩猩叫声的方式向他们打招呼。

年轻人，如果有知识、有能力，当他们意识到自己的所作所为真的能够产生巨大影响时，他们就真的能够改变世界了。

——珍妮·古道尔

黑猩猩用一根木棍去抓白蚁，珍妮·古道尔是看到这一切的第一位研究者。

珍妮·古道尔的研究揭示了从没有被发现过的黑猩猩的个性。她目睹了黑猩猩能够使用工具的过程。她也发现黑猩猩也以其他动物为食。在以前，人们认为它们只以植物为食。

黑猩猩的性格

古道尔说每一个黑猩猩都有它自己独特的个性。与其他研究人员不同，她给自己的每个观察对象都起了一个名字，而不是简单地将它们进行编号。她看见黑猩猩是如何照顾它们的孩子，也看到了它们是多么好斗，她说："当我刚到冈贝工作时，我认为黑猩猩要比我们人类更友好，但是时间证明不是这样，它们也能像人一样坏。"

宣传活动

今天，古道尔成了一位活跃的黑猩猩研究事业的推动者。她的足迹遍布了世界各地，除了与政府官员谈话，还经常与青年学生见面。

古道尔博士

1965年剑桥大学授予珍妮·古道尔动物行为学博士学位，她是仅有的几位没有攻读过博士学位却获此殊荣的人之一。

了解生命

　　科学家已经开发出很复杂的工具和技术用来探索生物世界。科学界的通讯员，像大卫·艾登堡这样的科学传播者也已经找到了越来越多的新颖方式，把科学家们的发现带到我们面前。

大卫·艾登堡

生卒： 1926—

国籍： 英国

成就： 制作了一系列突破性的自然纪录片，例如《地球生命》。

你知道吗？ 当艾登堡刚进入BBC电视台工作时，他只看过一个电视节目。

从"动物王国探险"到"生命"

　　艾登堡1952年加入BBC电台，不久他做了一档叫作"动物王国探险"的系列节目。8年里，他周游世界并带回了很多自然环境中的动物影片。很多人仅仅在动物园里面看到过这些动物。这节目很让人震惊。艾登堡获过博物学学位。他将所学到的知识和工作激情融入到了解说词中。

　　艾登堡的节目想象力丰富、激动人心，富于科学性和启发性，他带给了人们一些世界上最好的博物学电视节目。其中包括《地球生命》《生命的考验》和《植物的私生活》。

探索冰冻星球

　　2010年4月，80岁高龄的大卫·艾登堡第一次到达了北极，那时他刚刚从南极回来不久。他说："在短短的几周时间内我就到了两极，这对于我来说是多么大的一个优待呀！我看到了企鹅和北极熊，欣赏到了冰冻的海洋和白雪皑皑的火山。我时常想，为什么在晚年的时候，我才去这些雄伟、神奇、美丽的地方呢？"

　　环境保护者斯帝夫·埃文，被称为"鳄鱼猎手"，他是最受欢迎的野生动物节目制片人。他于2006年不幸英年早逝。

下面带颜色的箭头指向表明一些科学家的观点和发现是如何影响另外一些科学家的。

卡尔·林奈

(1707—1778)

写了《自然系统》，提出了自然界分类的新方法。

康拉德·洛伦兹

(1903—1989)

动物行为科学的先驱，通过观察小鹅的行为有了重要发现。

罗杰·托锐·皮特森

(1908—1996)

出版了《鸟类野外指南》一书，他的工作主要是保护环境。

查尔斯·达尔文

(1809—1882)

创建自然选择的进化论，出版了《物种起源》一书。

海因里希·德巴里

(1831—1888)

提出了"共生关系"这个科学术语，旨在说明不同生物之间相互依存、相互受益的关系。

雅克·库斯托

(1910—1997)

研制出水中呼吸器，这是一种能在水下进行探险的装置，他还研制出先进的水下摄影技术。

卡尔·沃思

(1928—)

提出古菌应该在生物世界中拥有自己的界。

乔治·夏勒

(1933—)

发现大猩猩是一种有智力的、社会型的动物，而不是人们传说中的危险猛兽；出版了《塞伦盖蒂的狮子》这本书，在书中他向我们展示了我们从来没有见过的大型猫科动物生活的方方面面。

大卫·艾登堡

(1926—)

第一个通过博物学电视系列节目带领大众去探索生物世界秘密的人。

珍妮·古道尔

(1934—)

出版了《透过窗户》这本书。这本书描绘了大猩猩群的行为。

保罗·赫伯特

(1934—)

发明了DNA条码技术。

词汇表（二）

标本：用于研究的动植物个体或者身体的一部分。

本能：动物出生就有的行为，不是后天习得的行为。

哺乳动物：通常是有毛的、温血动物。雌性动物用自己的乳汁喂养后代。

濒危：处在灭绝的危险之中。被认为濒危的物种应受到保护。

蛋白质：一种可以在肉类、奶酪和豆类中找到的物质。它是组成和维持身体的重要基础。

动物行为学：研究自然界中动物行为方式的科学。

DNA："脱氧核糖核酸"的英文缩写，它带有生物体构建和生命运行所需的信息。

地衣：由藻类和真菌共生而形成的生物。

浮游生物：很微小的像植物一样的生物和动物，在海洋中能发现。

分子：化学物质的最小单位。

GPS："全球定位系统"的英文缩写，是一种通过一群卫星发射信号在地球表面确定位置的方法。

共生：两种不同的生物体的紧密关系，它们能从中相互受益。

环境：生物体的周边条件，包括和它共享这些条件的其他生物。

基因：活细胞中包含物种特征的一部分，由父辈传递给下一代。比如眼睛的颜色就是由基因携带的特征。

菌物学：研究真菌的科学。

昆虫学家：研究昆虫的科学家。

领地：动物生活的地盘，也是用来防御其他动物入侵的地方。

灭绝：当一个物种的最后一只死亡后，这个物种完全消失了。

迁徙：为了寻找更好的生存条件而从一个地区向另一个地区移动。例如：很多动物为了躲避寒冷的冬天而去更温暖的地方过冬。

栖息地：生物生活的家园。

树冠：森林中树木的最高部分。

生物学家：研究生物科学的人。

苔藓（地衣）：一种真菌类植物，与藻类共生形成一种复合有机体。

微生物：很微小的生物，没有显微镜肉眼是看不见的，是微型有机生物。

微生物学家：研究微生物的生物学家。

物种：有很多共同特征的生物种群，能配偶成功繁衍后代。

习性学：研究动物在其自然环境下的行为的科学。

研究者：进行科学发现的人。

遗传学：研究基因及其功能的学科。

藻类：和植物一样，一种能够自给自足的生物体。

科学家与科学连线

1 卡尔·沃思

2 乔治·福雷斯特

3 海因里希·德巴里

4 杰森·查普曼

5 乔治·夏勒

6 尹迪佳·彬达

7 戴安·佛西

8 珍妮·古道尔

a. 植物学

b. 昆虫学

c. 野外生物学

d. 动物习性学

e. 微生物学

f. 菌物学

g. 鸟类学

h. 动物学

答案: 1(e) 2(a) 3(f) 4(b) 5(c) 6(g) 7(h) 8(d)

更多精彩发现（二）

书籍

Animals: A Children's Encyclopedia（《动物：儿童百科全书》），（Dorling Kindersley，2008）

Classification of Animals（《动物分类》），Casey Rand（Raintree，2010）

Dian Fossey (Levelled Biographies: Great Naturalists)（《戴安·佛西（莱韦德传记：伟大的博物学家）》），Heidi Moore（Heinemann Library，2008）

The Diversity of Species（《物种多样性》），Michael Bright（Heinemann Library，2008）

Face to Face with Lions（《与狮子面对面》），Beverly and Dereck Joubert （National Geographic Society，2010）

Jane Goodall（《珍妮·古道尔》），Sudipta Bardhan-Quallen（Viking Children's Books，2008）

Life in the Undergrowth（《地下生命》），David Attenborough（BBC Books，2005）

Oceans: An Undersea Safari（《海洋：海底旅行》），Johnna Rizzo（National Geographic Society，2010）

Planet Earth（《地球》），Alastair Fothergill（BBC Books，2006）

Plant Classification（《植物分类》）Polly Goodman（Wayland，2007）

Single-celled Organisms（《单细胞有机体》），Patricia Kite（Heineman Library，2008）

Steve Irwin (Levelled Biographies: Great Naturalists)（《斯蒂文·埃文（莱韦德自传：伟大的自然学家）》）Heidi Moore（Heinemann Library，2008）

What's Biology All About?（《生物学讲的是什么？》），Hazel Maskell（Usborne Publishing，2009）

Who on Earth is Sylvia Earle?（《塞尔维亚·厄尔勒究竟是谁？》），Susan E. Reichard（Enslow Publishers，2009）

（中文书名为参考译名）

94

DVD

《蓝色星球》，David Attenborough,BBC,2005
《雅克·库斯托的大冒险》，Delta Home Entertainment,2006
《最后一次看》，Stephen Fry and Mark Carwardine, Digital Classics/BBC,2009
《生命》，David Attenborough,BBC,2009
《斯蒂文·埃文的最危险的探险》，Firefly Entertainment ,2002

网址

www.fi.edu./tfi/units/life
生物界各个方面的指南
www.arkive.org
世界濒危动植物的影像
www.kids.gov./6_6/6_8_scienc_animals.shtml
这个网站罗列很多有关生物世界的知识
www.canopymeg.com
这是一个玛格丽特·罗曼"树冠女王"的官方网站
www.janegoodall.org
珍妮·古道尔的研究院网站，这里面有珍妮·古道尔工作和生活的信息

访问地点

达尔文中心
自然史博物馆
克伦威尔大街
伦敦SW7 5BD
你能看到在一座令人惊异的玻璃大楼里工作的顶尖科学家。那里还藏有2000万份生物标本。

图书介绍

　　"我们身边的高科技"丛书是一套具有视觉冲击力的图书。全书将学习科学的主题提升到一个全新的高度。丛书主题涉及广泛，有的是以现实世界或生活领域某一个部分为话题，有的是对地球科学和太空科学进行阐释，语言生动严谨。本书包括兴趣传播、大事年表、科学术语表以及更多信息查询等栏目。

　　这本书是"我们身边的高科技"丛书之一，它向我们介绍了一些在历史上和现代社会中具有影响力的地球学家和生物学家。他们有的是历史人物，有的是当代学者，还有的来自不同文化，我们能够发现他们的观点是如何互相联系的。他们中的一些人的名字家喻户晓，一些人的成就举世公认，有的人的成果是科学界的重大发现，有的改变了我们看待地球的视角，有的让我们对生物界有了全新认识。

　　"我们身边的高科技"丛书还包括以下书籍：

《超级侦探·神奇数码》《飞上蓝天·探索太空》
《环保超人·美食工坊》《建筑奇观·极速行驶》
《绿色科技·能源威力》《先进医疗·白衣天使》

作者简介

　　安德鲁·索尔威曾写过70多本儿童书籍，其中包括许多科学读物。他曾获得2004年的英国读写协会纪实类文学奖。

　　作为作家和编辑的罗伯特·斯尼丹有30年工作的经验，他写过70多本非小说类的儿童文学作品。

主题顾问

　　苏吉·加兹雷从事过教学和课程开发工作。现在她是一位科普作家和内容顾问。